图书在版编目（CIP）数据

了不起的玉兔号 / 贾阳著 . -- 济南：山东科学技术出版社，2024.4（2024.12 重印）
ISBN 978-7-5723-2007-1

Ⅰ . ①了… Ⅱ . ①贾… Ⅲ . ①月面车辆 – 中国 – 普及读物 Ⅳ . ① V476.3-49

中国国家版本馆 CIP 数据核字 (2024) 第 057272 号

# 了不起的玉兔号
LIAOBUQI DE YUTUHAO

责任编辑：郑淑娟　刘玉莹
排版制作：王　燕

主管单位：山东出版传媒股份有限公司
出 版 者：山东科学技术出版社
　　　　　地址：济南市市中区舜耕路 517 号
　　　　　邮编：250003　电话：（0531）82098030
　　　　　网址：www.lkj.com.cn
　　　　　电子邮件：jiaoyu@sdkjs.com.cn
发 行 者：山东科学技术出版社
　　　　　地址：济南市市中区舜耕路 517 号
　　　　　邮编：250003　电话：（0531）82098067
印 刷 者：济南新先锋彩印有限公司
　　　　　地址：济南市工业北路 188-6 号
　　　　　邮编：250101　电话：（0531）88615699

规格：16 开（215 mm×280 mm）
印张：4　字数：40 千
版次：2024 年 4 月第 1 版　印次：2024 年 12 月第 2 次印刷
定价：68.00 元

# 了不起的玉兔号

贾 阳 著

星筠兔 绘

山东科学技术出版社

·济南·

# 目录

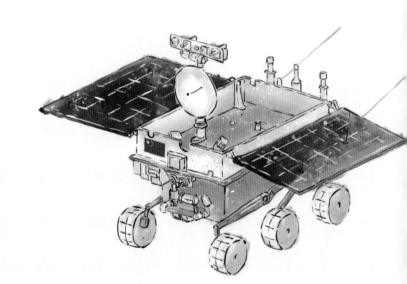

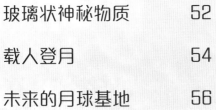

# 嫦娥奔月

地球唯一的天然卫星就是月球，大家更习惯称其为月亮。它有时又圆又大，有时又变成细长的弯弯月牙。人们想象月球上有广寒宫，还有美丽的嫦娥仙子和她的玉兔……

**小贴士**

月球上颜色比较暗的区域一般是洼地，比较亮的区域则是山地。在望远镜里面能够看到月面上遍布环形山，这大多是小天体撞击月面后留下的伤疤。

4

小朋友特别喜欢的元宵节和中秋节，都是月圆的日子。我国古人写下的许多著名诗作都与月亮有关，比如李白的《静夜思》。你还知道哪些与月亮有关的诗？

# 玉兔号名字的由来

人们不满足于远远地欣赏月亮，渴望走近月球，去看一看上面到底有什么。

苏联的月球探测器首先抵达月球，美国航天员在月面留下了足迹，中国人也启动了月球探测工程，并命名为"嫦娥工程"，制造了在月球上行驶的车，也就是月球车。

给月球车起个什么名字好呢？有建议叫"后羿"的，有建议叫"吴刚"的，甚至还有人别出心裁，建议叫"八戒"……嫦娥奔月的神话故事中，嫦娥怀抱着一只灵动的小兔子，生活在广寒宫。"玉兔"这个名字既能生动表现出嫦娥探测器带着月球车去往月球的情形，又体现了中国人的浪漫情怀，所以月球车就有了"玉兔号"这个好听的名字。

**小贴士**

什么是月球车呢？月球车是一种能在月球表面行驶，并完成探测、考察等复杂任务的航天器。借助月球车强大的探测功能，科研人员能够更加详细地了解月球。

# 玉兔号的诞生

玉兔号月球车是怎样被设计出来的？

一开始，谁都不知道月球车该是个什么样子。怎么办呢？设计师们就先从月球车必须用到的天线、太阳能电池板、照相设备、机械手臂等设备开始思考，在设计草稿上组装各种设备，于是，就有了这些五花八门的月球车设计稿。

这些形态各异的小车，有四个轮子的、六个轮子的、八个轮子的；有方形太阳翼、三角形太阳翼、梯形太阳翼；有的稳重，有的轻巧，有的酷炫如变形金刚……

玄武

铁甲

**小贴士**

  月球车设计的第一个阶段，设计师们在纸上画出各种创意方案，这个阶段的工作，小朋友们也都可以参与体验。比如要设计一款航天员乘坐的月球车，你有什么想法？

# 怎么让月球车走起来

为月球车选择什么样的移动方式呢？设计师们进行了认真讨论。像坦克那样的履带可以通过松软的沙地，但是石块卡住履带时，没有办法派人去修理。还有一种是腿式，就像人类一样交替迈腿行走，但是极端条件下，月球车断电，坐在地上，再想站起来就会比较困难。

经过反复研究和比对之后，设计师们最终采用了六轮独立驱动、四轮独立转向的轮式移动方式。轮式设计更容易应付在月球表面移动时可能遇到的大部分问题。

**小贴士**

　　自然界中各种生物的运动方式千差万别。比如螃蟹利用四对步足横着爬、鸟利用翅膀飞翔、蛇借助身体蠕动实现运动，有些种子则依靠风运动到其他地方，你还知道什么样的运动方式？

# 玉兔号怎样消暑纳凉

月球表面的昼夜温差很大，玉兔号月球车工作的地方，中午的温度有 90 摄氏度，到了夜晚又会快速降到零下 190 摄氏度。在如此恶劣的环境下，一般仪器根本无法工作。而且月球上没有救援队和修理厂，玉兔号一旦出现故障，无法借助外力修复。

为了解决高温的问题，设计师们想出了好办法。中午的时候让玉兔号尽量少干活，进入午休状态。如果还不行，就把右侧的太阳能电池板竖起来，遮挡住阳光，为玉兔号临时造出一片阴凉。

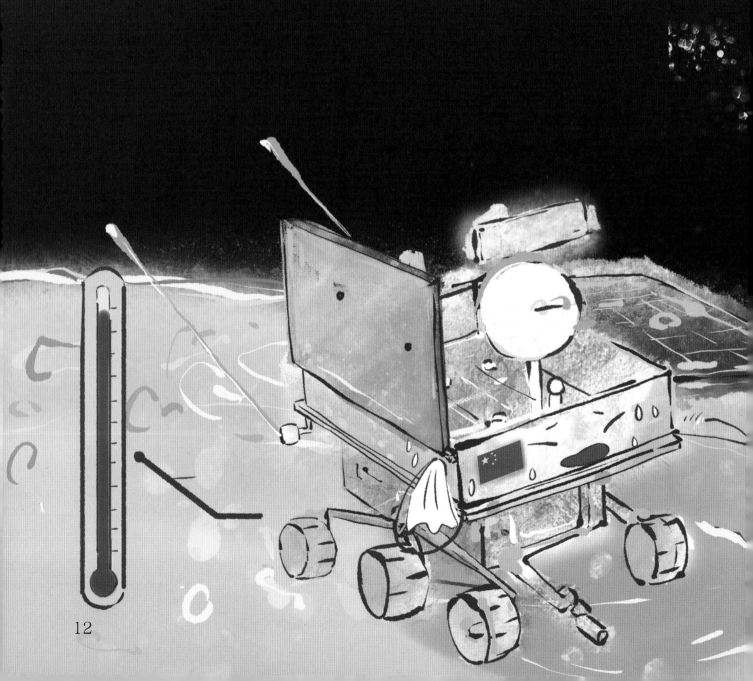

另外，中午时分，阳光的照射使得玉兔号向着太阳这边的三只轮子温度最高可超过100摄氏度，而另一侧的三只轮子处于车体的阴影中，温度只有零下10摄氏度左右。虽然相距只有1米多一点儿，温差却很大。因此，轮子的材料既要耐高温又要抗低温。

小贴士

炎热的夏季，人们感觉特别热时，除了躲在阴凉处，还会用到什么办法消暑纳凉？

# 玉兔号的防寒小妙招

月球的白天持续时间是15天，然后就会进入同样长达15天的寒冷月夜。为了防寒，科研人员为玉兔号月球车准备了两个防寒小妙招：一是盖上"被子"，二是启动"暖宝宝"。

月球车的太阳能电池板收拢，相当于盖上"被子"。

月球车的"暖宝宝"其实是一个核源，它会不断地释放出热量，热量又被送入月球车内部，保证车体内部维持在舒适的温度（大约是零下15摄氏度），这样月球车就可以安全地度过寒冷的月夜了。不过白天释放的热量不会被引进车体内，只有晚上才会用到这部分热量。

# 计算机上的构形设计

5:00

7:00

14:00

接下来的工作，可不能继续停留在纸面上了，设计师们需要在计算机上进一步优化月球车的外形设计，完善各种方案等。比如，发射的时候要尽可能缩小身形，到达月球后要尽快把太阳能电池板展开，补充能源。如果科研人员想要探测月球的石头，又担心石头表面已经发生了变化，那就需要增加一个研磨器，有点像牙科医生用的钻头，能把石头表皮去掉，看看石头内部是什么样子。

18:00

20:00

**小贴士**

　　构形设计阶段就是在计算机软件中把月球车设计出来，并比较不同方案的优缺点，不断优化从而形成最终的设计方案。

　　在设计的过程中，也走过弯路。设计师们曾经仿照跑车的样子，为月球车设计了流线型的车体，后来发现月球车的速度不快，流线型车体没有好处，更重要的是，月球上根本就没有风！

　　设计师们还曾经设计过一款大小可以变化的车轮，地面比较平坦时就增大车轮，这样车轮转一圈可以多走点，遇到石头多的时候，再收缩成正常的车轮。但后来担心车轮收缩时被石头卡住，于是就放弃了这种方案。

**小贴士**

科研的道路不可能一帆风顺，设计的过程也是一个反复迭代的过程。在生活和学习中，小朋友们也会遇到困难，没关系，通过努力，就一定能闯过去。

# 探测设备大揭秘

月球车承担着月面探测的任务，设计师们为其设计了许多双"眼睛"，包括全景相机、导航相机、避障相机等，这些相机可以仔细观察月球车周围的环境，帮助我们更好地了解月球。红外成像光谱仪用来探测月球表面土壤和岩石的成分；粒子激发 X 射线谱仪用来了解土壤和岩石中包含哪些化学元素。还有一个测月雷达，它可以发出电磁波，根据电磁波在月面之下不同深度反射的回波，判断出月球的土壤有多深，土壤和岩石的界面在哪里。

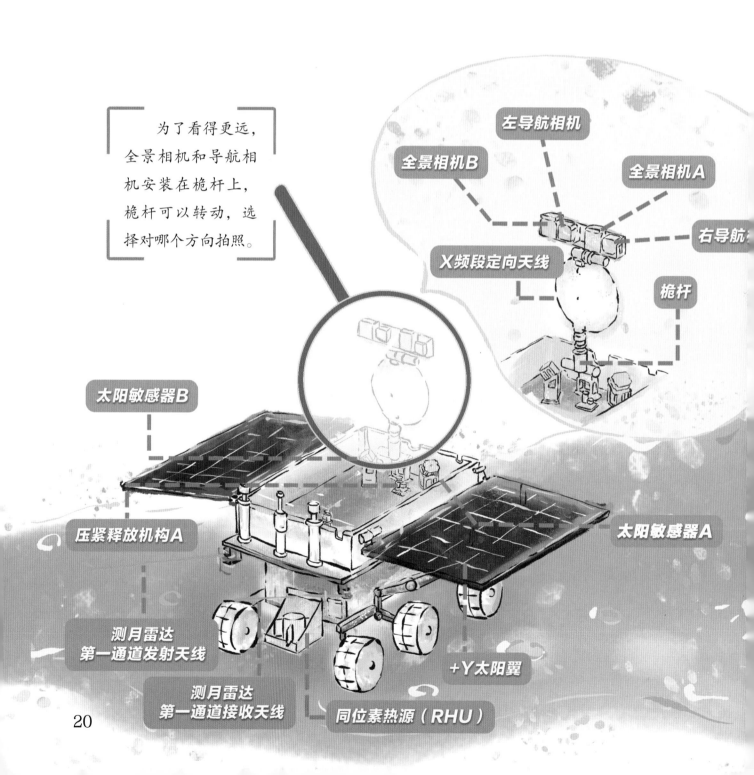

为了看得更远，全景相机和导航相机安装在桅杆上，桅杆可以转动，选择对哪个方向拍照。

左导航相机

全景相机B

全景相机A

右导航

X频段定向天线

桅杆

太阳敏感器B

压紧释放机构A

太阳敏感器A

测月雷达
第一通道发射天线

测月雷达
第一通道接收天线

+Y太阳翼

同位素热源（RHU）

玉兔号月球车带了各种各样的探测设备到月球，有的工作在可见光谱段，有的工作在红外线谱段，还有的工作在微波谱段以及 X 射线谱段，通过多种方式帮助我们了解月球。

X频段接收天线

UHF频段发射天线

X频段发射天线

压紧释放机构B

-Y太阳翼

机械臂的作用是把探测设备凑近土壤或者岩石，便于粒子激发 X 射线谱仪工作。

激光点阵器

红外成像光谱仪

右避障相机

左避障相机

机械臂

粒子激发X射线谱仪探头

粒子激发X射线谱仪生存装置

粒子激发X射线谱仪定标装置

# 玉兔号的工作原理

　　玉兔号月球车白天的主要任务是移动、探测、传输数据，晚上就进入休眠状态了。等到阳光从东方升起的时候，玉兔号就会自己唤醒，开始新一天的工作。

　　月球车仔细观察前方，如果只有小石头，就跨过去，如果遇到大石头，就绕过去。遇到感兴趣的石头，就利用探测设备仔细观察，再把探测数据传回地面，由科研人员进一步分析研究。

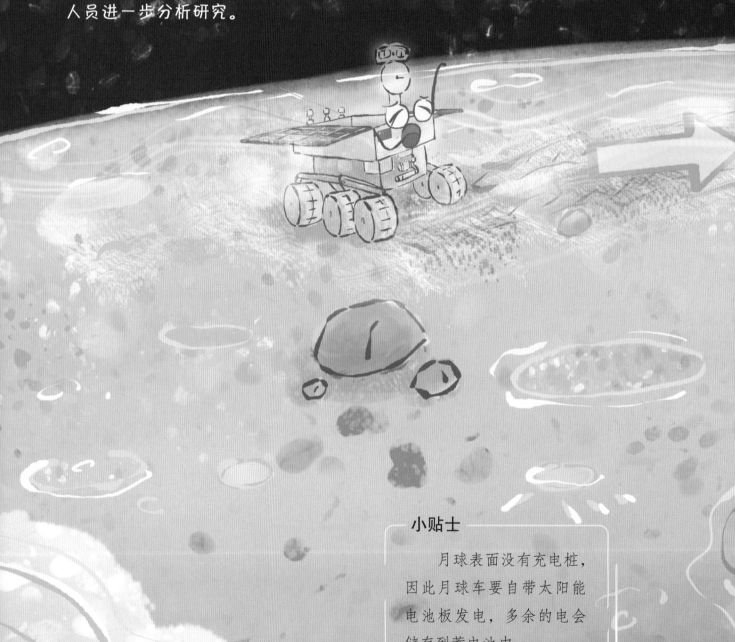

**小贴士**

　　月球表面没有充电桩，因此月球车要自带太阳能电池板发电，多余的电会储存到蓄电池中。

# 玉兔号的八种 pose

设计师们为玉兔号月球车设计了八种 pose。发射的时候处于收拢的状态；到达月球之后要尽快展开太阳翼和桅杆，保证能源充足；在月球表面移动的时候，把车后面的天线展开，就像京剧演员的翎子；探测的时候，要把机械臂投放出去；为了与地球通信，需要倾斜桅杆，把天线对准地球所在的方向；充电的时候，需要调整太阳翼的方向正对太阳；到了月夜的时候，要把太阳翼收拢，相当于给车盖上了"被子"；如果在月球的中午，车上的设备太热时，就竖起太阳翼遮阳。

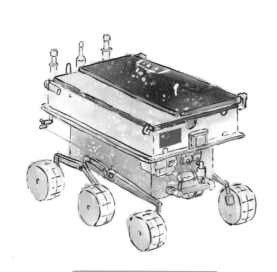

**发射收拢状态**

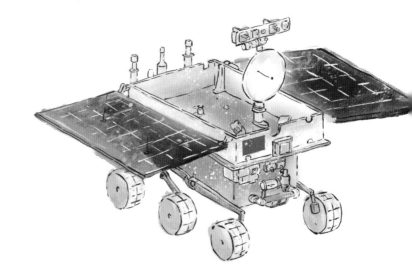

**转移下降状态**

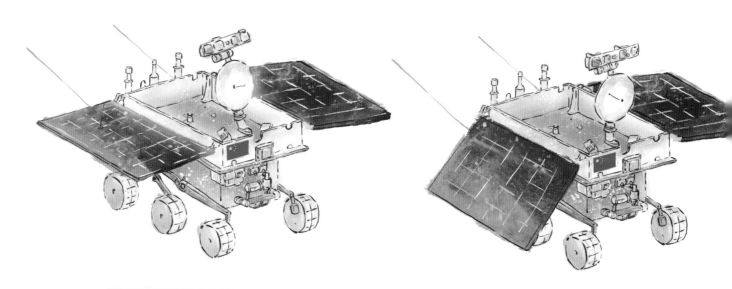

**对地通信状态**　　　　　　　　**充电状态**

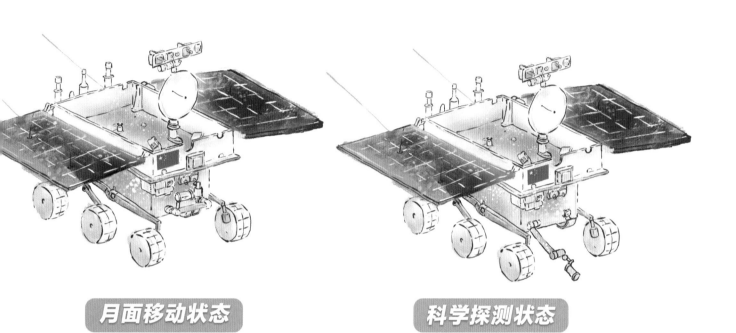

**月面移动状态**　　　　**科学探测状态**

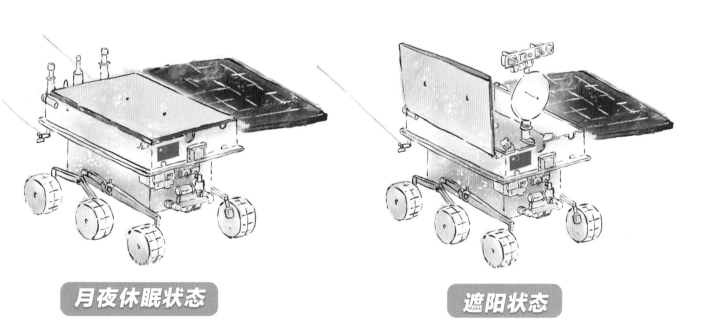

**月夜休眠状态**　　　　**遮阳状态**

## 通过试验确认设计是正确的

把月球车制造出来后，设计师们也不敢保证所有问题都考虑周全了，在正式发射之前，需要在地面完成各种试验，对月球车进行考核。

比如把月球车放在一个大大的热真空设备中，把里面的空气抽出，模拟月球表面没有大气的状态。在设备周围的管路中充上液氮，模拟宇宙空间的冷背景以及月球夜晚温度非常低的土壤。模拟月球白天土壤的高温以及太阳的光照，则要用上加热器。在这样近似月球表面的环境中，月球车被放在支架上，连续加电工作一个月，以检查车上的设备能否正常工作。

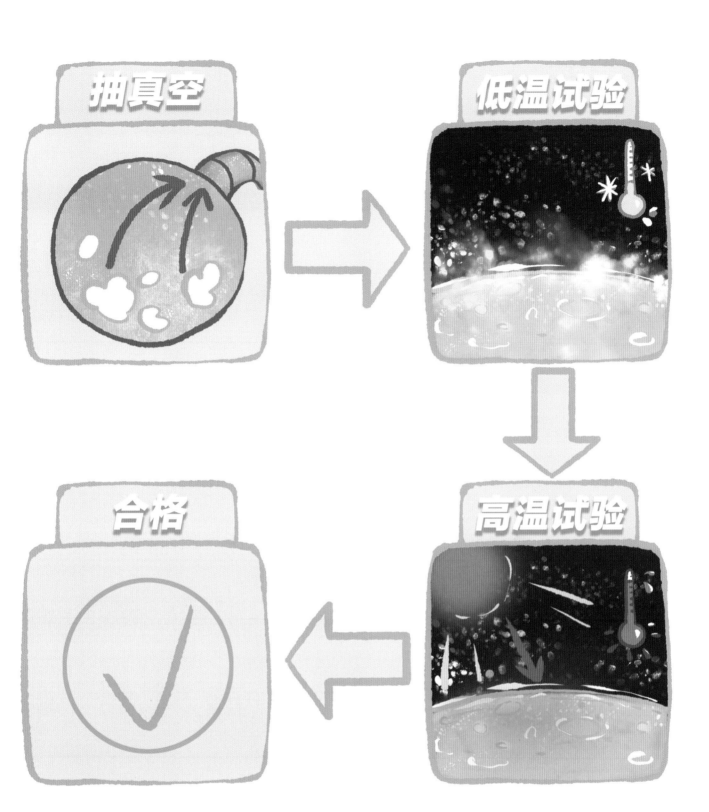

**小贴士**

　　航天器试验就是模拟发射阶段或者是正常工作阶段航天器可能遇到的各种环境，检查航天器在苛刻的环境中是不是能够正常工作。通过了试验考核，航天器才能获得出厂合格证。

# 地球上哪里最像月球

　　热真空设备虽然大，但对月球车而言，还是不能在里面真正走起来。为了对月球车的移动探测能力进行充分考核，科研人员来到了祖国的大西北，寻找合适的测试场所。

　　经过 1.8 万千米的跋涉，最终选定了敦煌西北、库姆塔格沙漠与罗布泊交界处的阿克奇谷地，在这里建设了月球车的野外试验场。在这个最像月球的谷地反复进行测试，确保月球车的设计是完善的。

**小贴士**

选择在沙漠进行试验，是因为那里地广人稀，干旱少雨，试验场的周围没有植被，这样才能更好地模拟月球环境。

# 向试验场进发

　　到试验场的最后 8 千米没有路，有的只是漫漫的沙丘，间或在谷地中有几根枯死多年的芦苇，越野车通过没有问题，但是载重货车根本无法通过，试验队员只好自己动手修建简易公路。为了防止陷车，他们先是用干草垫，管用，可是第二天早上发现草垫都被风吹到 1 千米以外的沙坡上了。后来发现沙路用盐碱水浇了之后，路面会变得像水泥一样坚硬，车辆可以顺利通过，接下来试验时一直用一辆洒水车护路，从试验场通往外部的路再也没有中断过。

在野外试验场，试验队员通过尝试找到了解决问题的方法。研制月球车的过程也是一样，只有通过大家的共同努力，才能闯过科研道路上的道道难关。

# 沙漠里的严格考验

　　试验队员在沙漠里建起一座营地，在那里对玉兔号月球车进行了 31 天的外场试验。试验项目包括遥操作玉兔号月球车行进、探测等，通过收集、分析测试数据，提出了多项设计优化建议。

### 柴油发电机和油罐

　　它们为整个外场试验提供电力保障，沙漠中没有电，所有试验和生活用电都要靠柴油发电机来提供。

### 月球车专用帐篷

　　科研人员在这顶帐篷里进行设备安装、连接电缆等工作。

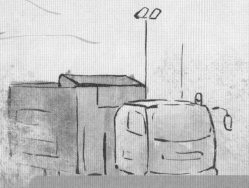

## 沙梁

一道 2 米高的遮挡物，使得遥操作帐篷中的科研人员无法直接看到试验场上的情况。

## 遥操作帐篷

科研人员在这里对玉兔号月球车进行遥操作。

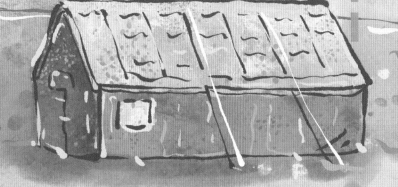

### 小贴士

遥操作就是远距离控制月球车。在遥操作帐篷中工作的科研人员，不能直接观察试验场的实际情况，只能根据玉兔号月球车回传的图像来判断它周围的地形等情况，从而控制其安全行驶。

# 外场试验

　　为了模拟月球表面的地形，科研人员在试验场中挖了很多浅坑，模拟月球表面的环形山；搬来许多大大小小的石头，用来模拟月岩。

　　在遥操作帐篷中的工作人员，根据月球车传来的图像，仔细分析后，确定前进的方向，以及计划抵达的目标点，然后发出指令，控制月球车沿着行进路线行驶到目的地。

**小贴士**

告诉你一个小秘密，玉兔号月球车实际探测的地方并没有那么多大石头，科研人员在外场试验时有意让测试环境更加恶劣一些，这样，月球车登陆月球实际探测时，遥操作起来就能更加得心应手。

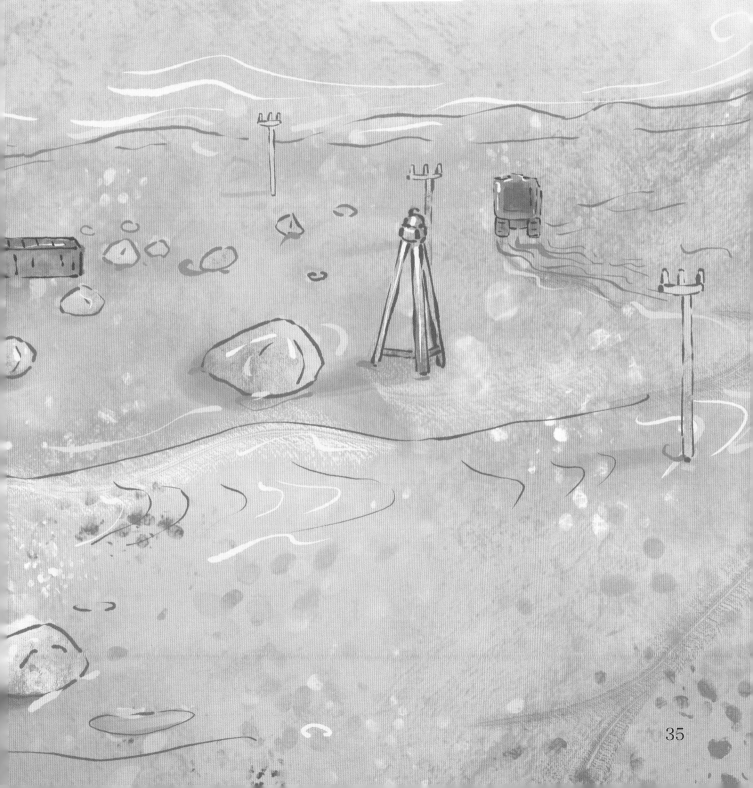

# 沙暴，沙暴！

　　有一天早上，试验队员刚把盖月球车的帐篷撤掉，就发现天气有些不大对劲，本来在沙丘顶端是能看见东北方向的雅丹地貌的，可是那里突然变得像是被一团黄烟笼罩。"沙暴，沙暴！"队员们一声大喊，现场进入应急状态，最先完成的是月球车断电，接着有的队员关严帐篷，有的在紧固地钉，还有的用沙子堵住帐篷下面的缝隙，更多的队员在关闭测试计算机。这时，地面上黄沙被卷起，迎风走路已经很困难。等到队员们回到生活区清洗满脸的尘土时，外面已是黄沙漫天、狂风大作。

**小贴士**

外场的试验条件是艰苦的，试验队员克服困难完成了试验。但是对玉兔号月球车而言，更严峻的考验还在后面，遥远的月球，那里的环境更恶劣。

# 望舒村

　　很多人都以为科研工作者是非常严肃刻板的，寡言少语，不懂雅趣。其实，他们有属于自己的浪漫。试验队员在进行玉兔号月球车外场试验时，给营地取名为"望舒村"，把自己比喻为给月亮造车、驾车的人。这个名字出自先秦诗人屈原《离骚》的诗句"前望舒使先驱兮，后飞廉使奔属"。

村口见不到一棵草，大家便在村口栽下一棵胡杨，胡杨上面挂着七个木牌，下面六个标出了试验场到祖国六个城市的距离，因为 150 名试验队员来自这六个城市。最靠上的牌子写的是："月球，380000 千米。"

## 小贴士

航天科研人员既是严谨的，也是浪漫的，面对野外艰苦的环境，他们努力把自己的生活营造得更加温馨，更加丰富多彩。

# 玉兔一号抵达月球

经历了各种试验考验，玉兔一号月球车于 2013 年 12 月 2 日从西昌卫星发射中心启程，15 日凌晨驶抵月球表面。玉兔一号重 137 千克，它一身银袍，轻舒两翼，开始在月球开展科学探测。沉寂了近 40 年的月面再次迎来了地球人的问候，五星红旗首次在月球亮相。

**小贴士**

苏联研制了两辆月球车，美国研制了三辆航天员驾驶的月球车，玉兔一号是月球上的第六辆月球车，它实现了我国首次在地球以外天体巡视探测的目标，我国成为全世界第三个在月球开展巡视探测的国家。

# 身形高大的龙石

　　刚抵达月面，玉兔一号月球车就发现前方有一个直径 12 米的大坑，里面有很多碎石。真危险！它赶紧绕开。在前进的路线上，它还发现了一块高 2 米的大石头，被我国科学家命名为"龙石"。科研人员发现这里的土壤与其他地方不同，通过进一步分析数据，深化了对月球早期活动的了解。

经历了两年多的时间之后，玉兔一号停止工作，永远长眠在了月球表面。

**小贴士**

　　在月球表面使用月球车开展巡视探测的好处是，科研人员可以控制月球车抵近感兴趣的岩石，近距离探测，获得更精确的探测结果。

# 月食与日食

玉兔一号月球车经历过多次"月食"。

人们能在地球上看到月食，是因为地球把照到月面的太阳光遮挡住了一段时间，通常月球完全变暗的时间长度大约是 2 小时。

从月球车的角度看，是一个比太阳"大得多"的地球，慢慢把太阳遮挡住的过程，完全看不到太阳的时间长度是 3 个多小时。

也就是说，我们在地球上看到的月食，从月球车的视角看却是一次日食。

小贴士

在地球上，会发生日食、月食、流星雨等天文现象。但当我们到了月球，这些天文现象会发生变化，有的甚至不会出现。

# 玉兔二号

  2019年1月，我国的第二辆月球车玉兔二号登陆月球背面。这一次更了不起，这是人类首次在月球背面这片亘古荒原上留下印记。经过了五年的等待，玉兔一号终于迎来了家乡的亲人，不过这两辆月球车相隔万里，虽然都在月球，想见面唠家常却不太可能。

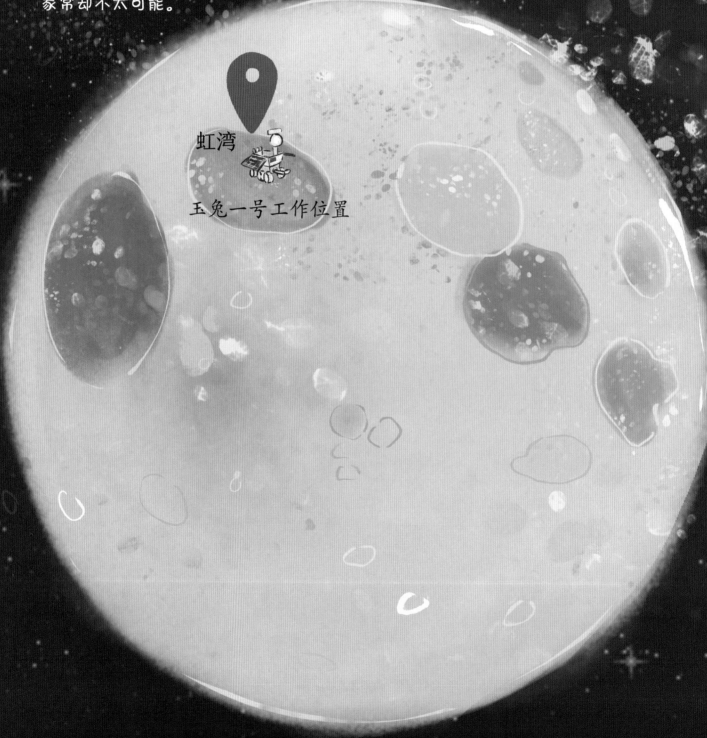

虹湾

玉兔一号工作位置

月球正面

小贴士

由于月球绕地球公转一周的时间与月球自转周期恰好相同，人们在地球上只能看到月球的正面，要想看到背面，只能发射探测器。玉兔二号是首个在月球背面行驶的月球车。

艾特肯盆地

玉兔二号工作位置

S↓

月球背面

# 鹊桥号中继卫星

　　玉兔二号月球车在月球的背面工作，无法与地球直接联系，怎么接收地球发来的指令呢？探测的结果又怎样发回地球呢？科研人员想出来一个好办法，就是在地球与月球连线上，既能看到地球，也能看到月球车的地方，放上一颗中继卫星，充当地球与玉兔二号之间的信使，这颗中继卫星被命名为"鹊桥号"。

鹊桥号中继卫星

**小贴士**

　　鹊桥号中继卫星工作的地点，叫作拉格朗日点。鹊桥号只需要比较少的燃料，就可以长期在这个点附近工作，为月球车提供通信服务。

# 月球"劳模"

　　玉兔二号是目前在月面工作时间最长的月球车，截至 2024 年 4 月，已经蜿蜒行进了约 1600 米，沿途开展探测活动，获得了大量的探测数据。

**小贴士**

你可能有疑问，为什么玉兔二号月球车五年时间只走了1600米？确实，月球车走得并不快，每小时大概走200米，而且绝大部分时间，月球车在忙着探测、通信，还有的时候在休眠，真正分配给行驶的时间其实非常少。

# 玻璃状神秘物质

在玉兔二号前进的道路上，曾经发现了一些玻璃状的物质，明显与周围的土壤不同。科研人员很兴奋，对这些神秘物质进行了详细分析，揭开了这个小秘密。原来是一个小天体从天空飞来，高速撞击在月球上，它的能量非常大，导致月球表面岩石四溅，而撞击产生的高温致使岩石熔化，变成玻璃状。

**小贴士**

　　月球之上，还有很多秘密等待着我们去揭晓。比如，月球是如何形成的？人类在月球建设基地，建在哪里最合适？月球的南极地区，有一些阳光一直照不到的永久阴影区，那里会不会储存着水冰？

玻璃状物质

# 载人登月

展望未来，在 2030 年左右，中国航天员会在月球上留下足迹。那时，也会有月球车帮助航天员去往更远的地方，扩大探测活动的范围，并运送航天员采集的月球岩石等，提高航天员的工作效率。

# 未来的月球基地

　　未来，随着我国航天科技的不断发展，航天人一定能够探知月球更多的奥秘。例如，在月球的南极建设我们的科研基地，甚至开发月球的矿产，从月球出发去探测更远的天体……也许未来的航天人中，就有你的身影呢！

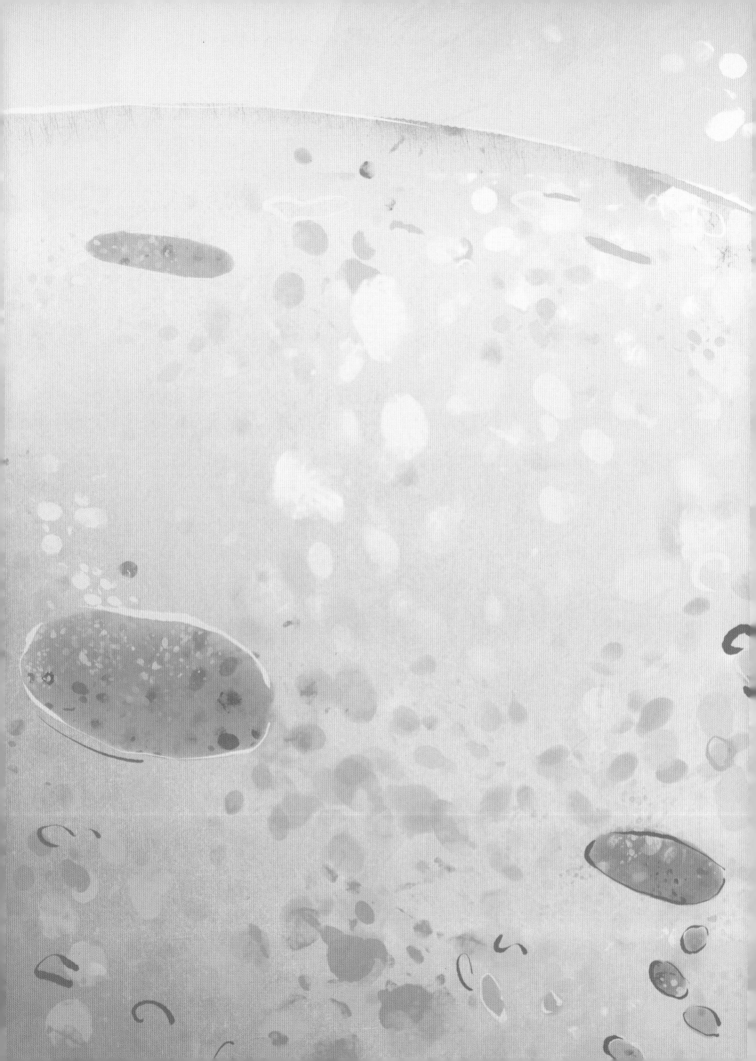